高危行业一线岗位安全生产指导手册

金属非金属矿山
尾矿作业岗

本书编写组　编

应 急 管 理 出 版 社

· 北　　京 ·

图书在版编目（CIP）数据

高危行业一线岗位安全生产指导手册．金属非金属矿山尾矿作业岗/《高危行业一线岗位安全生产指导手册》编写组编．--北京：应急管理出版社，2020

ISBN 978-7-5020-8167-6

Ⅰ.①高…　Ⅱ.①高…　Ⅲ.①金属矿—地下开采—尾矿处理—矿山安全—技术手册　②非金属矿—地下开采—尾矿处理—矿山安全—技术手册　Ⅳ.①X931-62　②TD7-62

中国版本图书馆 CIP 数据核字（2020）第 105108 号

高危行业一线岗位安全生产指导手册

——金属非金属矿山尾矿作业岗

编　　者　本书编写组
责任编辑　罗秀全　刘晓天
责任校对　孔青青
封面设计　王　滨

出版发行　应急管理出版社（北京市朝阳区芍药居 35 号　100029）
电　　话　010-84657898（总编室）　010-84657880（读者服务部）
网　　址　www.cciph.com.cn
印　　刷　北京玥实印刷有限公司
经　　销　全国新华书店

开　　本　850mm×1168mm $^{1}/_{32}$　**印张**　$2^{1}/_{2}$　**字数**　41 千字
版　　次　2020 年 7 月第 1 版　2020 年 7 月第 1 次印刷
社内编号　20200747　　**定价**　15.00 元

应急管理部办公厅关于印发
非煤矿山一线岗位安全生产指导手册的通知

应急厅函〔2020〕159号

各省、自治区、直辖市应急管理厅（局），新疆生产建设兵团应急管理局，海油安监办各分部，有关中央企业：

为贯彻落实《应急管理部　人力资源和社会保障部　教育部　财政部　国家煤矿安全监察局关于高危行业领域安全技能提升行动计划的实施意见》（应急〔2019〕107号），加强对高危行业企业一线岗位从业人员的安全生产指导和服务，应急管理部安全基础司组织编制了非煤矿山生产一线重点岗位安全生产指导手册，现予印发，供非煤矿山安全监管人员、有关企业安全管理人员及相关岗位操作人员学习参考，也可作为有关企业三级安全培训教育的参考资料。

应急管理部办公厅

2020年7月1日

出 版 说 明

为推进非煤矿山一线岗位安全生产指导手册的应用，助力企业基层安全管理，方便一线岗位从业人员学习使用，我们组织承担编写任务的单位对9个典型一线岗位的指导手册进行出版。指导手册采用“口袋书”的形式，以方便岗位人员随身带、随时学、随地用。

《高危行业一线岗位安全生产指导手册：金属非金属矿山尾矿作业岗》由中国五矿集团有限公司、长沙矿山研究院有限责任公司编写，主要编写人员为廖文景、刘婷、杜志信、徐必根、马井泉、朱远乐、陈星、唐绍辉、尹建生、谢长江。

目　　次

1 安全生产应知应会

1.1 安全生产风险基础知识

我国矿产资源丰富，根据中华人民共和国自然资源部编制的《中国矿产资源报告（2019）》，截至 2018 年底，已发现矿产 173 种，其中能源矿产 13 种、金属矿产 59 种、非金属矿产 95 种、水气矿产 6 种。我国已成为全球少数几个矿种齐全、矿产资源总量丰富的国家之一。随着社会经济的高速发展，重要矿产消费持续增长，金属非金属矿山行业已成为国民经济发展的重要支柱。

金属非金属矿山开采出的矿石经选矿厂破碎和选别，选出大部分有价值的精矿后，剩下泥沙一样的“废渣”称为尾矿。尾矿设施是指为处理尾矿所建造的全部设施系统，通常包括：尾矿输送系统、尾矿堆存系统、尾矿库防排洪系统、尾矿库回水系统以及尾矿水处理系统。

尾矿库是用以贮存金属非金属矿山进行矿石选别后排出尾矿的场所，尾矿作业是金属非金属矿山安全生产的重要环节，也是危险源之一。

尾矿库按堆存类型分为山谷型、傍山型、平地型和截河型四类，如图1－1～图1－4所示。

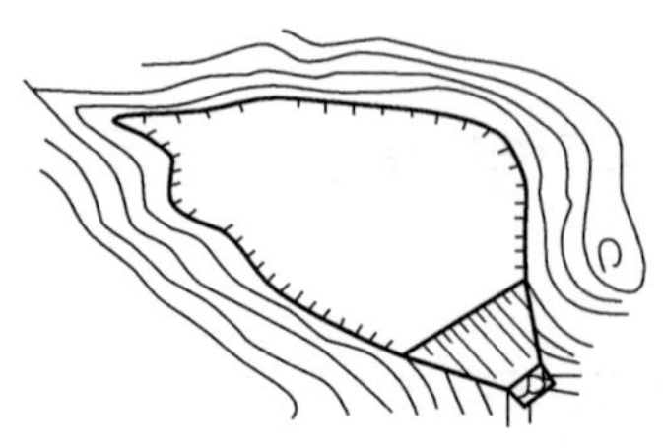
图1－1　山谷型尾矿库

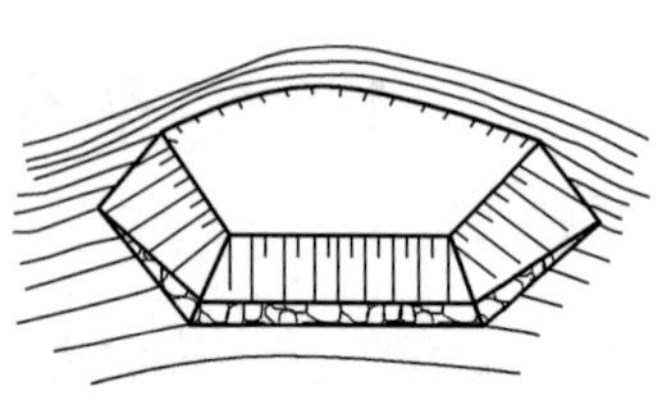
图1－2　傍山型尾矿库

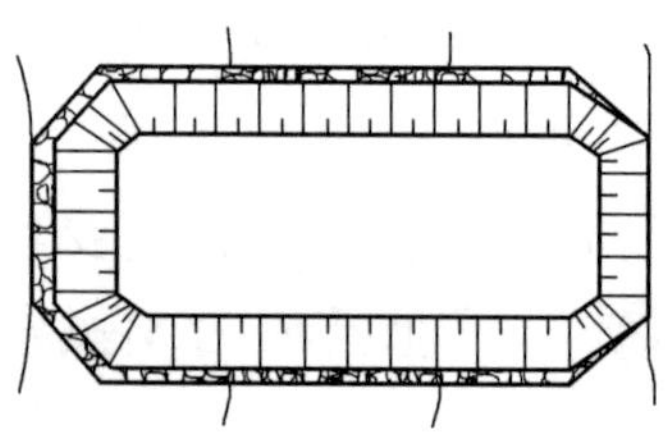
图1－3　平地型尾矿库

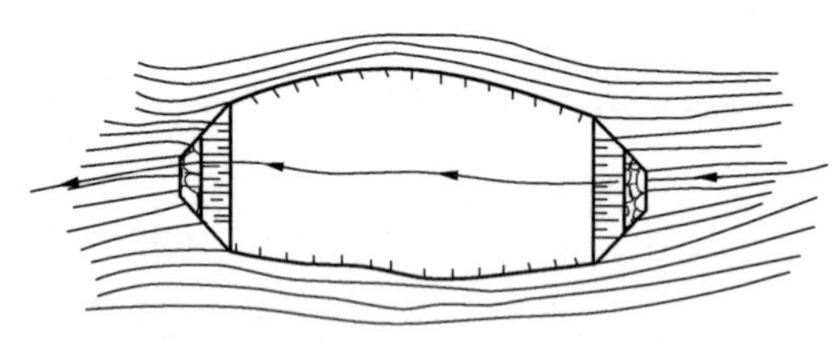
图1－4　截河型尾矿库

尾矿坝是拦挡尾矿和水的尾矿库外围构筑物，通常指初期坝和尾矿堆积坝的总体。初期坝用土、石等材料筑成，作为尾矿堆积坝的排渗或支撑体的坝。尾矿堆积坝是生产过程中用尾矿堆积而成的坝，尾矿堆积坝的筑坝方式有上游式、中线式和下游式，如图 1－5～图 1－7 所示。

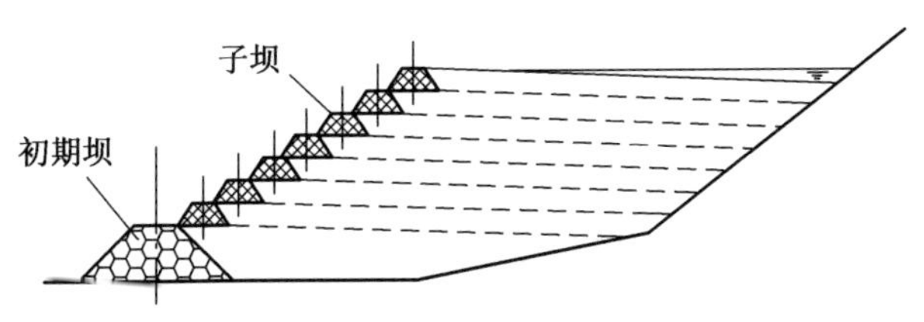

图 1－5　上游式尾矿堆积坝

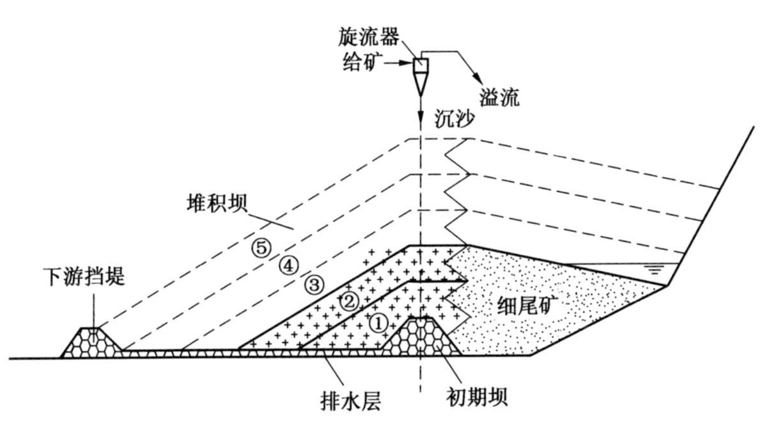

图 1－6　中线式尾矿堆积坝

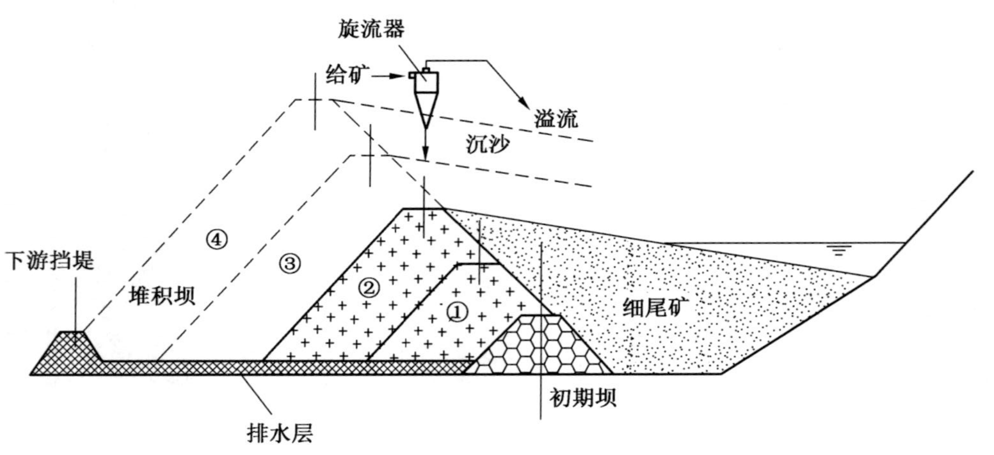

图 1－7　下游式尾矿堆积坝

常见尾矿输送方式分为湿式输送和干式输送，放矿方式分为库尾式放矿、库前式放矿、库中式放矿和周边式放矿，子坝堆筑方法分为冲积法、渠槽法、池填法和旋流器法。

尾矿作业岗是指直接从事尾矿库放矿、筑坝、巡坝、防排洪及排渗操作的一线作业岗位，不仅影响整个尾矿库的安全运行，而且还涉及尾矿库下游居民的生命安全、财产损失和当地的环境污染。因此，尾矿作业人员必须熟悉尾矿库相关的技术要求，熟练掌握正确的操作流程及应急措施。

基于上游式尾矿堆积坝筑坝工艺简单、建设与运行费用低、管理方便、实用性强等优点，我国金属非金属矿山95%以上的尾矿库均采用上游式筑坝。本手册以湿式输送、库前放矿、冲积法尾矿堆筑的上游式尾矿库为例进行说明。

1.2 安全生产有关法律法规要求

1.2.1 岗位安全生产准入

1. 安全生产培训合格

《安全生产法》第二十五条规定，生产经营单位应当对从业人员进行安全生产教育和培训，保证从业人员具备必要的安全生产知识，熟悉有关的安全生产规章制度和安全操作规程，掌握本岗位的安全操作技能，了解事故应急处理措施，知悉自身在安全生产方面的权利和义务。未经安全生产教育和培训合格的从业人员，不得上岗作业。

【说明】

培训时间：根据《生产经营单位安全培训规定》，非煤矿山等生产经营单位新上岗的从业人员安全培训时间不得少于 72 学时，每年再培训的时间不得少于 20 学时。

岗位调换培训：根据《生产经营单位安全培训规定》，从业人员在本生产经营单位内调整工作岗位或离岗一年以上重新上岗时，应当重新接受车间（工段、区、队）和班组级的安全培训。

“四新培训”：根据《安全生产法》第二十六条，生产经营单位采用新工艺、新技术、新材料或者使用新设备，必须了解、掌握其安全技术特性，采取有效的安全防护措施，并对从业人员进行专门的安全生产教育和培训。

2. 特种作业人员持证上岗

《安全生产法》第二十七条规定，特种作业人员必须按照国家有关规定经专门的安全作业培训，取得相应资格，方可上岗作业。

【说明】

依据《特种作业人员安全技术培训考核管理规定》，尾矿作业人员列入特种作业目录，需持证上岗。

复审时间和离岗考试：依据《特种作业人员安全技术培训考核管理规定》，特种作业操作证每 3 年复审 1 次；离开特种作业岗位 6 个月以上的特种作业人员，应当重新进行实际操作考试，经确认合格后方可上岗作业。

尾矿作业人员培训内容：依据《特种作业人员安全技术培训大纲和考核标准（试行）》尾矿作业人员安全技术培训大纲和考核标准。

国家实行特种作业操作证全国统一查询，可登录应急管理部网站（http://www.mem.gov.cn），通过“查询服务”栏进入“特种作业操作证及安全生产知识和管理能力考核合格信息查询”系统，或登录官方微信公众号（国家安全生产考试），按要求进行身份认证后，下载打印电子证书。

1.2.2 从业人员安全生产权利

（1）劳动保护权。《安全生产法》第四十九条规定，劳动合同应当载明有关保障从业人员劳动安全、防止职业危害的事项，以及依法为从业人员办理工伤保险的事项。

（2）知情权、建议权。《安全生产法》第五十条规定，从业人员有权了解其作业场所和工作岗位存在的危险因素、防范措施及事故应急措施，有权对本单位的安全生产工作提出建议。

（3）批评、检举、控告权和依法拒绝权。《安全生产法》第五十一条规定，从业人员有权对本单位安全生产工作中存在的问题提出批评、检举、控告；有权拒绝违章指挥和强令冒险作业。

（4）紧急避险权。《安全生产法》第五十二条规定，从业人员发现直接危及人身安全的紧急情况时，有权停止作业或者在采取可能的应急措施后撤离作业场所。

（5）工伤保险和民事索赔权。《安全生产法》第五十三条规定，因生产安全事故受到损害的从业人员，除依法享有工伤保险外，依照有关民事法律尚有获得赔偿的权利的，有权向本单位提出赔偿要求。

【说明】

认定工伤、视为工伤、不得认定为工伤或者视同工伤的情形：分别依据《工伤保险条例》第十四条至第十六条。

提出工伤认定申请的人、时间及申请地点：《工伤保险条例》第十七条规定，所在单位应当自事故伤害发生之日或者被诊断、鉴定为职业病之日起 30 日内，向统筹地区社会保险行政部门提出工伤认定申请。用人单位未提出工伤认定申请的，工伤职工或者其近亲属、工会组织在事故伤害发生之日或者被诊断、鉴定为职业病之日起 1 年内，可以直接向用人单位所在地统筹地区社会保险行政部门提出工伤认定申请。

1.2.3 从业人员安全生产义务

（1）遵章守纪，正确佩戴和使用劳动防护用品。《安全生产法》第五十四条规定，从业人员在作业过程中，应当严格遵守本单位的安全生产规章制度和操作规程，服从管理，正确佩戴和使用劳动防护用品。

（2）接受安全生产教育和培训。《安全生产法》第五十五条规定，从业人员应当接受安全生产教育和培训，掌握本职工作所需的安全生产知识，提高安全生产技能，增强事故预防和应急处理能力。

（3）报告危险。《安全生产法》第五十六条规定，从业人员发现事故隐患或者其他不安全因素，应当立即向现场安全生产管理人员或者本单位负责人报告。

1.2.4 法律责任

《安全生产法》第一百零四条规定，生产经营单位的从业人员不服从管理，违反安全生产规章制度或者操作规程的，由生产经营单位给予批评教育，依照有关规章制度给予处分；构成犯罪的，依照刑法有关规定追究刑事责任。

【说明】

构成犯罪，主要是指构成刑法规定的重大责任事故罪，即在生产作业中违反有关安全管理的规定，导致发生重大伤亡事故或者造成其他严重后果的，处三年以下有期徒刑或者拘役；情节特别恶劣的，处三年以上七年以下有期徒刑。

2 岗位主要安全风险和事故隐患

2.1 岗位主要安全风险

尾矿库存在的主要安全风险有：溃坝、坝体滑坡、洪水漫顶、防排洪设施损毁和渗流破坏。

2.1.1 溃坝

尾矿库溃坝是指坝体失稳，发生瞬时溃决，尾矿突然涌出的现象。

发生溃坝的主要原因有：

1. 自然条件

（1）库区或坝址存在地形、地质等影响尾矿库安全及各构筑物稳定性的不利因素。

（2）遭遇超过设防标准的洪水，尾矿库防排洪能力不足。

（3）持续特大暴雨，引发尾矿库周边山体发生泥石流或山体滑坡，泥石流或滑坡体侵占尾矿库调洪库容、淤堵防排洪设施或毁坏坝体，造成尾矿库溃坝。

2. 勘查设计

（1）勘察时对库区、坝基、防排洪设施等处的不良地质条件未能查明，造成设计时未能采取相应的措施，致使坝体变形、防排洪设施倒塌，最终发生溃坝事故。

（2）设计中坝坡稳定分析所选择计算指标偏高，或对地震因素分析不足，以及防排洪、排渗设施设计不当等。

3. 施工

（1）坝体清基或地基承载力未达到设计要求。

（2）在坝体施工中，由于坝料质量或压实参数等未达到设计标准造成坝体填筑质量差。

（3）冬季施工时未采取有效措施，以致形成冻土层，在解冻后或蓄水后，库内水入渗形成软弱夹层。

4. 运行管理

（1）防排洪设施淤堵严重或损坏，造成库内水位过高，在突遇特大暴雨时可能出现漫顶现象，引发溃坝。

（2）生产运行过程中，因未按设计放矿、设置排渗设施、抬高库内水位等因素，造成干滩长度过短、安全超高不足、浸润线过高等现象。

（3）子坝筑坝质量差，未达到设计标准。

（4）堆积坝外坡比陡于设计值。

（5）未经技术论证和批准，在库区周围进行采矿、爆破等危害尾矿库安全的活动等。

2.1.2 坝体滑坡

坝体滑坡是指尾矿坝上某一小部分尾矿在重力

（包括尾矿本身重力及库内水的动静压力）作用下，沿着一定的软弱结构面（带）产生剪切位移而整体地向斜坡下方移动，但未发生整体溃决的现象。

发生坝体滑坡的主要原因有：

1. 自然条件

（1）强烈地震引起坝体滑坡。

（2）持续的特大暴雨，使坝坡土体饱和或遭到风浪淘刷导致坝体外坡形成陡坡，进而发生坝体滑坡。

2. 勘查设计

（1）选择坝址时，设计未避开位于坝脚附近的不良地质，筑坝后由于坝脚处沉陷过大而引起滑坡。

（2）坝肩岩石破碎、节理发育，设计时未采取有效的防渗措施，形成绕坝渗流，使坝体局部饱和引起滑坡。

（3）排渗设施设计不当等。

3. 运行管理

（1）放矿管破损未及时发现或更换，尾矿冲刷坝面。

（2）坝体堆筑过程中未对岸坡进行有效处理，筑坝质量、坡度或护坡未达到设计要求，造成坝坡失稳。

（3）生产运行过程中，因未按设计放矿、设置排渗设施、抬高库内水位等因素，造成浸润线过高，引发坝体滑坡。

2.1.3　洪水漫顶

洪水漫顶是指降雨时，库内洪水宣泄不及，使得库内水位升高，水位漫过坝顶，冲刷坝顶、坝坡面的现象。

发生洪水漫顶的主要原因有：

1. 自然条件

（1）地震烈度超设计，造成防排洪设施淤堵或损毁。

（2）遭遇超过设防标准的洪水，尾矿库防排洪能力不足。

（3）持续特大暴雨，引发尾矿库周边山体发生泥石流或滑坡，泥石流或滑坡体侵占尾矿库调洪库容或损毁防排洪设施，造成防排洪设施排水能力不足。

2. 勘查设计

（1）勘察时对防排洪设施沿线及周边的不良地质条件未能查明，造成设计时未能采取相应的措施，导致防排洪设施变形、沉降，无法发挥正常功能。

（2）防排洪设施结构设计不合理导致其被损毁，造成防排洪能力降低或丧失。

（3）防排洪设施防排洪能力设计不足等。

3. 施工

防排洪设施施工质量不符合设计要求，造成防排洪设施损毁，不能满足排洪需求，进而发生洪水漫顶。

4. 运行管理

（1）长期暴雨或洪水过后未对防排洪设施进行检查、维修，造成防排洪设施变形、位移及淤堵严重等。

（2）生产运行过程中，因放矿不当、抬高库内水位等因素，造成干滩长度过短、安全超高不足，在突遇特大暴雨时可能出现洪水漫顶。

2.1.4　防排洪设施损毁

防排洪设施损毁是指尾矿库运行过程中防排洪设施结构遭到破坏，或因地形地质条件导致防排洪设施沉降变形等，造成防排洪功能失效。

发生防排洪设施损毁的主要原因有：

1. 自然条件

（1）地震烈度超设计，造成防排洪设施损毁。

（2）持续特大暴雨，引发尾矿库周边山体发生泥石流或滑坡，损毁防排洪设施。

2. 勘查设计

（1）勘察时对防排洪设施沿线及周边的不良地质条件未能查明，造成设计时未能采取相应的措施。

（2）防排洪设施结构设计不合理等。

3. 施工

施工质量不符合设计要求，如防排洪设施表面有蜂窝、麻面或强度不达标，当荷载逐渐增大时会造成掉块、钢筋外露甚至倒塌。

4. 运行管理

长期暴雨或洪水过后未对防排洪设施进行检查、维修，或因尾矿库周边山体滑坡等因素造成防排洪设施变形、位移，以及排水井拱板、排水斜槽盖板断裂，防排洪设施混凝土剥落、裂缝、磨蚀、钢筋外露等各种损坏。

2.1.5 渗流破坏

渗流破坏是指由于设计考虑不周、施工不当、后期管理不善等原因导致坝体产生的非正常渗流以及坝外坡沼泽化。

发生渗流破坏的主要原因有：

1. 勘察设计

（1）勘察时对坝基处的不良地质条件未能查明，造成设计时未能采取相应的措施，致使坝基渗漏。

（2）排渗设施设计不合理，造成尾矿库浸润线过高。

2. 施工

排渗设施未按设计施工，或排渗设施的施工质量不符合设计要求。

3. 运行管理

（1）尾矿排放不均匀、子坝堆筑不符合设计要求，产生局部渗流破坏。

（2）堆筑子坝前，未对岸坡进行处理，造成尾矿渗流水从天然坡面渗漏。

（3）埋设于坝体内的排渗管强度不够，管身破裂，水流沿管道或坝体薄弱部位流出。

（4）尾矿库放矿量超设计，造成尾矿堆积坝上升速率大于设计堆积上升速率，堆积坝体内的水无法及时排出，坝体无法充分固结，从而产生渗流破坏。

（5）未严格按设计要求控制库内水位，致使尾矿坝浸润线过高，尾矿库的渗流稳定性和抗滑稳定安全系数小于设计值，坝体产生渗流破坏。

为防止上述安全风险，尾矿库的地质勘察、设计、施工及监理应按正规程序进行，从源头上保证尾矿库的安全；针对管理不到位的情况，应加强尾矿库管理人员和尾矿作业人员业务技能和安全素质的培养，尾矿作业人员在放矿、筑坝、巡坝、防排洪及排渗作业过程中，应严格按设计要求操作，确保安全超高、干滩长度及浸润线埋深等运行参数符合设计要求；一旦发现问题，及时上报和处理。

2.2 岗位常见事故隐患

2.2.1 事故隐患排查

事故隐患排查见表2-1。

表2-1 事故隐患排查

序号	事故隐患	依据	隐患分类
1	在库区和尾矿坝上进行乱采、滥挖和非法爆破	《金属非金属矿山重大生产安全事故隐患判定标准（试行）》（安监总管一〔2017〕98号） 《尾矿库安全监督管理规定》（原国家安全生产监督管理总局令 第38号）第二十六条 《尾矿库安全技术规程》（AQ 2006—2005）6.7.2	重大隐患

表2-1（续）

序号	事故隐患	依　据	隐患分类
2	坝体出现贯穿性横向裂缝，且出现较大范围管涌、流土变形，坝体出现深层滑动迹象	《金属非金属矿山重大生产安全事故隐患判定标准（试行）》（安监总管一〔2017〕98号） 《尾矿库安全技术规程》（AQ 2006—2005）8.2	重大隐患
3	坝外坡坡比陡于设计坡比	《金属非金属矿山重大生产安全事故隐患判定标准（试行）》（安监总管一〔2017〕98号） 《尾矿库安全技术规程》（AQ 2006—2005）6.3.2	重大隐患
4	坝体超过设计坝高，或者超设计库容储存尾矿	《金属非金属矿山重大生产安全事故隐患判定标准（试行）》（安监总管一〔2017〕98号）	重大隐患
5	尾矿堆积坝上升速率大于设计值	《金属非金属矿山重大生产安全事故隐患判定标准（试行）》（安监总管一〔2017〕98号） 《尾矿库安全技术规程》（AQ 2006—2005）5.3.6	重大隐患
6	未按法规、国家标准或者行业标准对坝体稳定性进行评估	《金属非金属矿山重大生产安全事故隐患判定标准（试行）》（安监总管一〔2017〕98号） 《尾矿库安全监督管理规定》（原国家安全生产监督管理总局令　第38号）第十九条 《尾矿设施设计规范》（GB 50863—2013）4.4.1	重大隐患

表 2-1（续）

序号	事故隐患	依　据	隐患分类
7	浸润线埋深小于控制浸润线埋深	《金属非金属矿山重大生产安全事故隐患判定标准（试行）》（安监总管一〔2017〕98号） 《尾矿设施设计规范》（GB 50863—2013）4.3.5	重大隐患
8	安全超高和最小干滩长度小于设计值	《金属非金属矿山重大生产安全事故隐患判定标准（试行）》（安监总管一〔2017〕98号） 《尾矿库安全技术规程》（AQ 2006—2005）8.2	重大隐患
9	排洪系统构筑物严重堵塞或坍塌，导致排水能力急剧下降	《金属非金属矿山重大生产安全事故隐患判定标准（试行）》（安监总管一〔2017〕98号） 《尾矿库安全技术规程》（AQ 2006—2005）8.2	重大隐患
10	设计以外的尾矿、废料或者废水进库	《金属非金属矿山重大生产安全事故隐患判定标准（试行）》（安监总管一〔2017〕98号） 《尾矿库安全监督管理规定》（原国家安全生产监督管理总局令　第38号）第十八条	重大隐患
11	多种矿石性质不同的尾矿混合排放时，未按设计要求进行排放	《金属非金属矿山重大生产安全事故隐患判定标准（试行）》（安监总管一〔2017〕98号）	重大隐患
12	冬季未按照设计要求采用冰下放矿作业	《金属非金属矿山重大生产安全事故隐患判定标准（试行）》（安监总管一〔2017〕98号）	重大隐患

表2－1（续）

序号	事故隐患	依　据	隐患分类
13	上游式筑坝法，未按设计于库（坝）前均匀放矿	《尾矿库安全技术规程》(AQ 2006—2005）6.3.4	一般隐患
14	尾矿浆排放冲刷初期坝和子坝，尾矿浆沿子坝内坡流动冲刷坝体	《尾矿库安全技术规程》(AQ 2006—2005）6.3.4	一般隐患
15	子坝堆筑前未进行岸坡处理：①未将树木、树根、草皮、废石、坟墓及其他有害构筑物全部清除；②遇到泉眼、水井、地道或洞穴等未作妥善处理	《尾矿库安全技术规程》(AQ 2006—2005）6.3.3	一般隐患
16	尾矿坝外坡面上有积水坑	《尾矿库安全技术规程》(AQ 2006—2005）6.3.10	一般隐患
17	堆积坝外坡未按设计覆土、植被	《尾矿库安全技术规程》(AQ 2006—2005）8.4	一般隐患
18	坝面局部出现冲沟，浅层裂缝、塌坑或滑坡	《尾矿库安全技术规程》(AQ 2006—2005）6.3.13，8.4	一般隐患
19	坝肩截水沟出现断裂、淤堵	《尾矿库安全技术规程》(AQ 2006—2005）7.2.9	一般隐患
20	坝坡排水沟出现断裂、淤堵	《尾矿库安全技术规程》(AQ 2006—2005）7.2.9	一般隐患
21	防排洪设施出现不影响安全使用的裂缝、腐蚀或磨损等	《尾矿库安全技术规程》(AQ 2006—2005）8.4	一般隐患

表2－1（续）

序号	事故隐患	依　据	隐患分类
22	排渗设施淤堵，浸润线埋深值变小，但大于控制浸润线埋深	《尾矿库安全技术规程》(AQ 2006—2005) 7.2.7，8.4	一般隐患
23	汛期（洪水）前、后未对坝体和防排洪设施进行检查、维护	《尾矿库安全技术规程》(AQ 2006—2005) 6.4.3，6.4.7	一般隐患

2.2.2 事故隐患示例

（1）上游式筑坝法，未按设计在坝前均匀放矿，如图2－1所示。

图2－1　坝前岸坡放矿

（2）尾矿作业人员不按设计要求排放尾矿，沉积滩面出现侧坡、扇形坡，如图2－2所示。

图2－2　沉积滩面出现侧坡、扇形坡

（3）在沉积滩顶接近坝顶而又未堆筑子坝时，尾矿回流冲刷子坝坝体，如图2－3所示。

（4）坝体滑坡，如图2－4所示。

（5）坝体外坡出现冲刷、拉沟现象，如图2－5所示。

（6）排水井坍塌，如图2－6所示。

（7）排水井拱板加盖过程中，拱板与立柱之间未严丝合缝，如图2－7所示。

图 2－3　尾矿回流冲刷子坝坝体

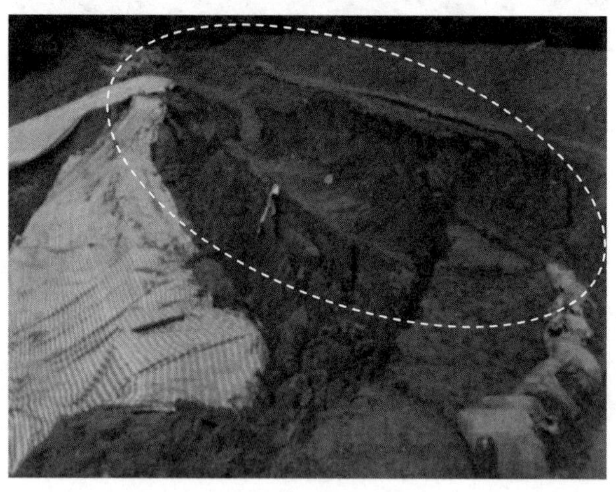

图 2－4　坝体滑坡

图2-5　坝体外坡出现冲刷、拉沟现象

图2-6　排水井坍塌

图 2－7　排水井拱板与立柱之间未严丝合缝

（8）排水竖井堵塞严重，影响防排洪设施进水能力，如图 2－8 所示。

（9）排水井钢筋裸露，如图 2－9 所示。

（10）堆积坝坡上的排渗设施未按设计要求铺设，坝体浸润线过高，浸润线从堆积坝坡逸出，如图 2－10 所示。

（11）设计以外的尾矿进库，如图 2－11 所示。

（12）设计以外的废料进库，侵占尾矿库调洪库容，如图 2－12 所示。

图 2-8　排水竖井堵塞

图 2-9　排水井钢筋裸露

图 2－10　浸润线从堆积坝坡逸出

图 2－11　设计以外的尾矿进库

图 2－12　设计以外的废料进库

2.3　典型事故案例

2.3.1　山西新塔矿业有限公司“9·8”尾矿库溃坝事故

1. 事故经过

980 沟尾矿库是 1977 年临汾钢铁公司建设的尾矿库，1982 年 7 月 30 日，尾矿库曾被洪水冲垮，临汾钢铁公司在原初期坝下游约 150 m 处重建了浆砌石初期坝。1988 年，临汾钢铁公司决定停用 980 沟尾矿库，并进行了简单闭库处理，此时尾矿库总坝高约 36.4 m。2000 年，临汾钢铁公司拟重新启用 980 沟尾矿库，新建约 7 m 高的黄土子坝，但基本未排放尾矿。

2007 年 9 月，新塔矿业有限公司擅自在停用的 980

沟尾矿库上筑坝放矿，堆筑的堆积坝下游坡比为1：1.38。为解决选矿厂用水不足的问题，新塔矿业有限公司在库内违规超量蓄水，开始放矿前在原尾矿库滩面及黄土子坝上游坡面铺设塑料膜；在堆积过程中，铺设多层塑料膜于沉积滩面上，导致库内水位过高，干滩长度过短，浸润线抬升。自2008年初以来，尾矿坝下游坡面多次出现渗水现象，新塔矿业有限公司采取在子坝外坡黄土贴坡（贴坡厚度4.0 m）的方法堵水。贴坡体与原黄土子坝连成一体，使尾矿堆积坝外坡形成一道堵水斜墙，堵挡坝内水外渗，导致尾矿堆积体浸润线快速升高，坝体呈饱和状态，形成一个高势能饱和体。

2008年9月8日7时58分，坝高约50.7 m、库容约36.8×10^4 m^3、储存尾矿约29.4×10^4 m^3的980沟尾矿库突然发生溃坝，尾矿流失量约19×10^4 m^3，波及范围约35 hm^2，最远影响距离约2.5 km。事故造成281人死亡、33人受伤，直接经济损失9619.2万元。

2. 事故原因

（1）尾矿库非法建设，违规筑坝和放矿。

（2）尾矿库堆积坝坡过陡。

（3）采用库内铺设塑料膜、黄土贴坡等错误做法于库内违规超量蓄水，使坝体发生局部渗透破坏，导致坝体整体滑动，最终造成溃坝事故。

3. 防范措施

（1）尾矿库启用前必须进行工程勘察和设计，依法履行尾矿库建设项目。

（2）堆积坝外坡比不能陡于设计值。

（3）尾矿库内不能违规超量蓄水。

2.3.2 广东紫金矿业有限公司“9·21”洪水漫顶溃坝事故

1. 事故经过

2010年9月21日10时，台风“凡亚比”带来强降雨，导致广东信宜紫金矿业银岩锡矿尾矿库发生溃坝。事故造成22人死亡，523户房屋全倒，直接经济损失1900万元。

2. 事故原因

（1）台风“凡亚比”引起的超200年一遇强降雨是导致尾矿库发生洪水漫顶的诱因。

（2）尾矿库设计标准水文参数和汇水面积取值不合理，致使该尾矿库实际防洪标准偏低。

（3）尾矿库排水井在施工过程中被擅自抬高进水口标高，该尾矿库1号排水井最低进水口原设计标高+749.0 m，但实际标高+751.6 m，被擅自修改抬高了2.6 m，严重影响了排水井的泄洪能力。

（4）按规定，汛期来临前，企业需将1号排水井下部6个进水孔拱板打开，降低尾矿库库内水位。但经现场核查，1号排水井下部6个进水孔基本被拱板挡住，造成尾矿库超蓄。

3. 防范措施

（1）设计单位必须严格按设计规范进行设计。

（2）尾矿库防排洪设施防排洪能力降低属于重大

设计变更，需经原批准部门审查同意后方可修建，未经批准严禁私自建设。

（3）尾矿库尤其是南方地区尾矿库一定要注意汛期安全管理，应进行汛期检查并按设计要求降低库内水位及配备齐全应急物资等。

2.3.3 江西修水香炉山钨矿阳坳尾矿库5号排水井倒塌事故

1. 事故经过

2014年6月28日10时25分左右，江西修水香炉山阳坳尾矿库5号排水井周边出现大的漩涡，接着5号排水井井架开始倾斜，至11时井架完全倒塌。事故致使井架周边尾矿水携带尾矿通过隧洞泄漏流入下游洞下河，造成一定程度的污染。16时左右，排水井周边尾矿基本停止下泄，下泄的尾矿水带砂量为7000～8000 m^3。

2. 事故原因

（1）5号排水井拱板施工质量不满足设计要求，断裂坍落，导致井筒垮塌，尾矿外泄。

（2）运行期检查不到位。

3. 防范措施

（1）施工单位必须严格按设计施工，保证施工质量满足设计要求；安装使用前须对拱板进行检查，检查合格后方可使用。

（2）加强管理，定期检查，发现问题及时处理。

3　岗位安全风险控制

3.1　岗位操作流程

3.1.1　放矿作业安全操作流程

放矿作业安全操作流程如图 3－1 所示。

3.1.2　筑坝作业安全操作流程

筑坝作业安全操作流程如图 3－2 所示。

3.1.3　巡坝作业安全操作流程

巡坝作业安全操作流程如图 3－3 所示。

3.1.4　防排洪作业安全操作流程

防排洪作业安全操作流程如图 3－4 所示。

3.1.5　排渗作业安全操作流程

排渗作业安全操作流程如图 3－5 所示。

3.2　岗位安全操作要点

3.2.1　放矿作业安全操作要点

1. 准备

（1）检查放矿主管、放矿支管、三通连接管和调节阀门之间是否畅通完好。

（2）检查放矿支架是否松动、悬空或折断。

（3）检查放矿管道是否破损。

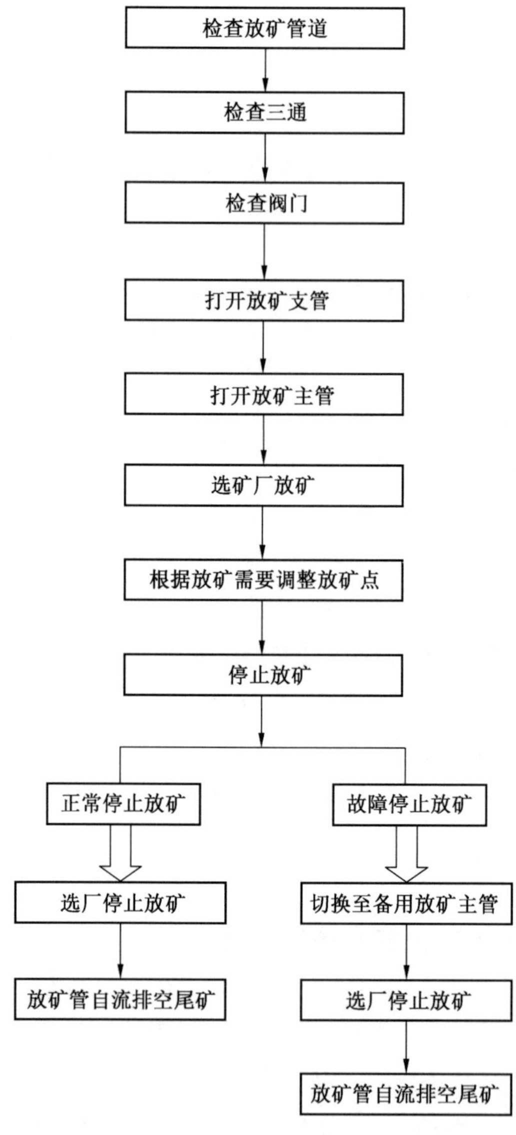

图3－1 放矿作业安全操作流程

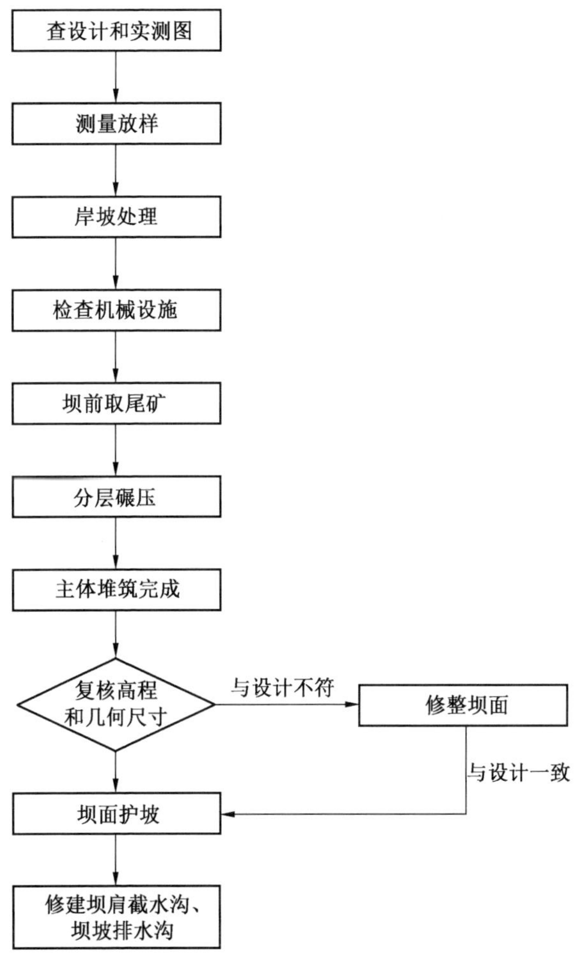

图 3－2　筑坝作业安全操作流程

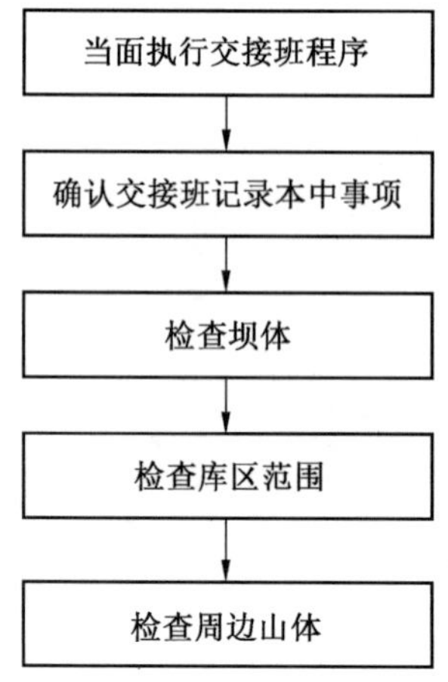

图 3－3　巡坝作业安全操作流程

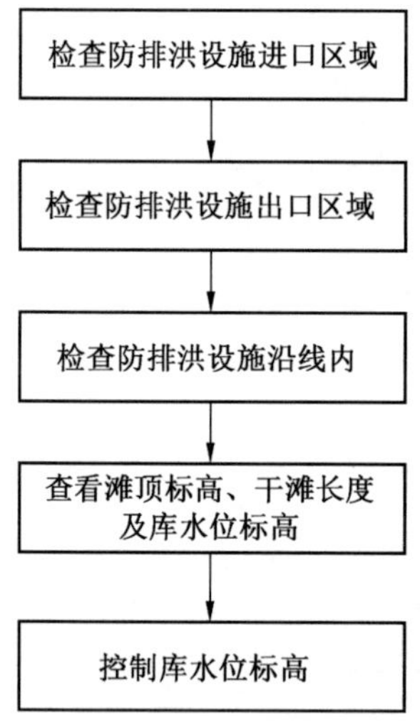

图 3－4　防排洪作业安全操作流程

注意：检查顺序可根据实际情况调整。

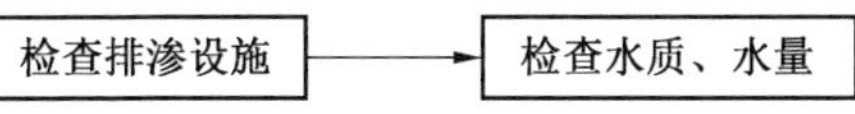

图3－5　排渗作业安全操作流程

2. 放矿

（1）按设计要求（根数及间距）打开放矿支管，严禁独头（单管）放矿。

（2）于坝前分散放矿，根据放矿需要调整放矿点，使尾矿均匀沉积，滩面平整，避免滩面出现侧坡、扇形坡等起伏不平现象，坝轴线较长时采用分段交替放矿作业。

（3）通过调节放矿管处的阀门，增加同时放矿口数量以减少尾矿浆在支管内的过流速度，降低阀门的磨损和尾矿对滩面的冲刷。

（4）尾矿排放不得冲刷初期坝或子坝，严禁尾矿沿子坝内坡流动冲刷坝体。

（5）在沉积滩顶接近坝顶而又未堆筑子坝期间，尾矿作业人员应勤巡查、勤调换放矿点，谨防尾矿漫顶。

（6）冰冻期采用滩面冰下集中放矿，防止在尾矿沉积滩内形成冰夹层或尾矿冰冻层，进而影响坝体强度。

（7）在冬季严寒的环境中调节阀门极易冻裂，应采取保护措施。可采用草绳、麻绳多层缠绕，或用电热带缠绕保温等措施加以保护。

（8）在强风天气放矿时，应尽量使放矿支管出口的尾矿浆至排洪出口的流径最长且在顺风的排放点排放。

（9）放矿时应有专人管理，做到勤巡视、勤检查，发现问题及时汇报和处理。

3. 正常停止放矿

（1）不关闭放矿管阀门从选厂停止放矿，让管道内尾矿尽量放空，防止尾矿在放矿管内沉积或冬季冻裂管道。

（2）分段放矿时，尾矿浆能流到的最末端的阀门附近应开一个支管保持长流，防止尾矿在主放矿管内淤积。

4. 故障停止放矿

因输送系统发生故障而停止放矿，需先将故障放矿主管切换至备用放矿主管，选矿厂再停止放矿。

3.2.2　筑坝作业安全操作要点

1. 准备

1）查设计和实测图

（1）筑坝作业前熟悉设计对筑坝工作的要求。

（2）熟悉上次筑坝后的坝体或尾矿库实测图。

2）测量放样

（1）进入滩面测量时要先进行试踏，不得猛然踏进，以防陷入。

（2）根据设计要求测量放样出新堆子坝的坝轴线、

坝顶位置及坝体内外坡脚线。

3）岸坡处理

（1）子坝堆筑前必须按设计将处理区域内的树木、树根、草皮、风化石、坟墓及其他构筑物全部清除，清除的杂物必须运至库外。

（2）遇有泉眼、水井、地道、溶洞或洞穴等，按设计处理；如设计未提及的，应及时上报。

（3）岸坡清理应记录存档，并经主管技术人员检查合格后，方可筑坝。

4）检查筑坝设备

若采用机械设备（如挖掘机、碾压设施）筑坝，需先检查机械设备的性能，排除故障，确保设备安全。

2. 筑坝

（1）查阅天气情况，尽量避开雨季筑坝。

（2）采用机械或人工按设计要求于坝前分层取粗尾矿，取砂区域严禁出现反坡，子坝前严禁出现积水坑。

（3）筑坝作业时，注意保证尾矿库安全运行，保证足够的干滩长度和防洪高度。

（4）子坝分层填筑，碾压密实，保证堆筑参数符合设计要求。

（5）主体堆筑结束后，测量子坝坝顶高程及各几何尺寸是否符合设计要求，及时修整子坝坝面。

（6）筑坝作业应与设计要求的库内排渗设施铺设工作结合进行。

（7）子坝堆筑完毕，应对筑坝质量及坝轴线长度、位置、子坝剖面尺寸、内外坡比等进行检查，检查结果应记录存档，并经主管技术人员检查合格签字后，方可进行下一步工序。

（8）按设计要求对子坝坝顶、内外坡进行护坡（如子坝坝顶及外坡覆土植草、内坡铺设土工布），防止坝面尾矿被大风吹走形成扬尘或被雨水冲刷形成拉沟。

（9）及时修建坝肩截水沟、坝面排水沟，防止雨水冲刷坝坡。

（10）配合相关人员完善子坝堆筑后的实测图，图纸应存档。

3.2.3 巡坝作业安全操作要点

1. 检查坝体

（1）检查坝面是否有影响坝体观测的植物，一经发现及时清除。

（2）检查坝面是否有拉沟现象，一经发现及时将拉沟填平、整实并恢复护坡。

（3）检查坝身是否有白蚁、鼠、蛇等动物打洞的痕迹，一经发现及时处理。

（4）检查坝体是否有不安全征兆，如坝体沉陷、裂缝、变形、位移、渗流破坏等，一经发现立即上报。

（5）检查坝坡排水沟、坝肩截水沟内是否有树枝、石块、泥土等淤堵物，一经发现及时清理。

（6）检查坝坡排水沟、坝肩截水沟是否有开裂、破损现象，一经发现及时修补。

2. 检查库区范围

（1）检查库区是否有违章爆破、采石和建筑。

（2）检查库区是否有违章尾矿回采。

（3）检查库区是否有外来尾矿、废石、废水和废弃物入库。

（4）检查库区是否有放牧和开垦等活动。

上述情况一经发现，及时制止并立即上报。

（5）检查应急救援物资的种类是否齐全，数量与质量是否符合设计要求（设计无明确要求的，检查其是否符合应急救援预案要求），若不符则立即上报。

（6）检查库区照明灯、警报器、通信设备、观测设施、安全警示牌及警示标志等设备设施是否正常运行，若运行不正常应及时修复或上报。

（7）检查人工监测数据及在线监测数据是否在设计允许范围内，发现异常立即上报。

3. 检查周边山体

检查尾矿库周边山体是否有滑坡、塌方和泥石流等迹象或情况，一经发现立即上报。

3.2.4 防排洪作业安全操作要点

1. 准备

（1）进入防排洪设施内检查需要配备低压强光照明设备、气体检测仪、安全帽和无线通信设备，空气不流通的设施内还需配备供氧设施。

（2）进行排水井拱板、孔塞加盖或拆除前需要配备保险绳、救生圈、浮排或小船。

2. 检查防排洪设施

（1）检查防排洪设施拦污栅、进水口前或防排洪设施内是否有树枝、石块、泥沙等淤堵物，一经发现及时清理。

（2）检查防排洪设施有无变形、位移、损毁及磨蚀现象，一经发现立即上报。

（3）汛期24 h不间断巡视，密切注意库内水位上升速度、尾矿库干滩长度，一旦库内水位和干滩长度接近设计值，及时上报，并采取措施（如拆除排水井拱板、斜槽盖板等），降低库内水位。

（4）汛前、汛后应对防排洪设施进行全面的检查清理，发现问题及时处理或修复；同时汛后采取措施恢复库内正常水位，防止出现连续暴雨后水位骤升的现象。

3. 控制库内水位标高

（1）观测滩顶标高、干滩长度及库内水位标高是否符合设计要求，若不符，及时查明原因并上报。

（2）通过拆卸、安装排水斜槽盖板或排水井拱板调节库内水位，在防洪高度满足设计要求的前提下确保回水水质和水量的要求。当库内水位影响尾矿库安全时，必须坚持安全第一的原则，降低库内水位。

3.2.5 排渗作业安全操作要点

1. 检查排渗设施

（1）检查排渗设施是否破损，一经发现及时上报。

（2）检查排渗设施是否淤堵，一经发现及时上报。

2. 检查水质、水量

（1）检查排渗水是否浑浊、是否伴有尾矿，一经发现及时上报。

（2）检查排渗水水量是否突变，分析原因，发现异常及时上报。

尾矿作业人员在作业过程中发现的问题均应及时处理，如实记录。

3.3 岗位操作风险管控

3.3.1 放矿作业安全风险管控

放矿作业安全风险管控见表3－1。

表3－1 放矿作业安全风险管控

岗位操作	安全风险	危害	控制措施
检查坝面	放矿管道的支架变形或折断	漏矿	放矿前检查放矿管道，发现支架松动、悬空或折断立即处理
放矿	滩面出现侧坡、扇形坡等起伏不平现象，尾矿坝的最小安全超高和最小干滩长度未达到规范要求	溃坝	严格按设计要求分散放矿，确保滩面按设计坡比均匀上升，尾矿坝的最小安全超高和最小干滩长度满足规范要求
	放矿不到位（如单管放矿、多管放矿间隔时间较长）导致局部区域干滩面较大	粉尘危害	严格按设计要求放矿，严禁独头放矿

表 3-1（续）

岗位操作	安全风险	危害	控制措施
放矿	支管内的流速过快	滩面出现冲刷坑、阀门磨损	增加调节阀门的开启数量，以降低支管内的流速，确保滩面不出现冲坑
	尾矿冲刷初期坝或子坝内坡	冲刷坝体	调整放矿支管的位置和长度，严禁尾矿沿坝体内坡流动冲刷坝体
	尾矿从坝顶溢出	尾矿漫顶	在沉积滩顶接近坝顶而又未堆筑子坝期间，放矿工应勤巡查、勤调换放矿点，谨防尾矿漫顶
	放矿管破损，尾矿冲刷坝面	滑坡	放矿过程中应专人管理，不得离岗，及时修复或更换破损的放矿管
停止放矿	通过关闭放矿管阀门停止放矿	输送管道堵塞或冻裂	通过选厂停止放矿，严禁通过关闭放矿管阀门的方式停止放矿

3.3.2　筑坝作业安全风险管控

筑坝作业安全风险管控见表 3-2。

表 3-2　筑坝作业安全风险管控

岗位操作	安全风险	危害	控制措施
准备	猛然踏进滩面	人员陷入	未经试踏，严禁进入滩面
筑坝	堆筑子坝前，未进行岸坡处理	渗流破坏	子坝堆筑前必须将树木、树根、草皮、风化石、坟墓及其他构筑物清理彻底，对岸坡上遇到的泉眼、水井及洞穴按设计进行处理

表3－2（续）

岗位操作	安全风险	危害	控制措施
筑坝	采用质量差的材料筑坝或坝体碾压不密实，造成筑坝质量不满足设计要求	渗流破坏、溃坝	按设计要求的坝料质量或压实参数堆筑子坝，堆筑完毕，经主管技术人员检查合格并签字后，方可进行下一步工序
	坝坡过陡	溃坝	堆筑子坝前严格按设计要求测量放样出新堆子坝的坝轴线、坝顶位置及坝体内外坡脚线，并严格按放样线堆筑，堆筑完毕，经主管技术人员检查合格并签字后，方可进行下一步工序
	铺设的排渗管质量不合格（如强度不够），存在管身破裂的风险	渗流破坏、坝体滑坡	铺设排渗管前必须对排渗管的外观及合格证进行检查，外观无破损、有合格证的排渗管方可进行铺设
	未按设计铺设排渗设施（如排渗设施的位置、数量与设计不一致）	坝体滑坡、溃坝	铺设排渗设施前必须按设计对排渗设施的位置进行放样，铺设完毕后，排渗设施的位置、数量应与设计一致

3.3.3 巡坝作业安全风险管控

巡坝作业安全风险管控见表3－3。

表3－3　巡坝作业安全风险管控

岗位操作	安全风险	危害	控制措施
检查坝体	坝上、坝面行走，未注意脚下安全	滑倒、高处坠落	坝顶设置安全警示标志；加强巡坝工培训，防止疏忽大意
	坝面有冲沟、积水坑	滑坡	及时修复坝面，并进行护坡处理
	白蚁、鼠、蛇等动物在坝身内打洞	渗流破坏	仔细检查坝体外坡，发现白蚁、鼠、蛇等动物在坝身内打洞现象时，及时汇报、处理
	坝体存在沉陷、裂缝、变形、位移、渗水等不安全征兆	渗流破坏、坝体滑坡、溃坝	定期检查坝体，发现沉陷、裂缝、变形、位移、渗水等不安全征兆及时汇报、处理
检查库区范围	库区内的违章活动（如违章爆破、采石、建筑和违章尾矿回采）	溃坝、坝体滑坡、洪水漫顶、排水设施损毁	及时制止违章爆破、采石、建筑和尾矿回采等活动
	外来尾矿、废料或废水进库	溃坝、坝体滑坡、洪水漫顶	及时制止外来尾矿、废料或废水进库
检查周边山体	周边山体有滑坡、塌方和泥石流等情况或发现未及时处理	溃坝、坝体滑坡、洪水漫顶、排水设施损毁	定期检查周边山体，大雨或暴雨期间实时巡查，发现山体有滑坡、塌方和泥石流等情况及时汇报、处理

3.3.4 防排洪作业安全风险管控

防排洪作业安全风险管控见表3－4。

表3－4 防排洪作业安全风险管控

岗位操作	安全风险	危害	控制措施
检查防排洪设施	防排洪设施淤堵	防排洪设施损毁、洪水漫顶	及时清理防排洪设施淤堵物
	防排洪设施变形、位移、损毁及磨蚀	防排洪设施损毁、洪水漫顶、溃坝	定期检查防排洪设施，发现变形、位移、损毁及磨蚀现象及时汇报、处理
	库内水位和干滩长度接近设计允许最小值时，未及时上报	洪水漫顶、溃坝	库内水位和干滩长度接近设计允许最小值时，应及时上报，通过拆除斜槽盖板、排水井拱板或孔塞等措施，降低库内水位，增加干滩长度
	汛后未对防排洪设施进行全面的检查清理或修复，并未采取措施恢复库内正常水位，存在连续暴雨后水位骤升的风险	洪水漫顶、溃坝	汛后须对防排洪设施进行全面清理或修复，并严格按设计要求控制库内水位
控制库内水位	未按设计要求拆卸排水斜槽盖板或排水井拱板，造成库内水位超高	洪水漫顶、溃坝	严格按设计要求控制库内水位

3.3.5 排渗作业安全风险管控

排渗作业安全风险管控见表3－5。

表3－5 排渗作业安全风险管控

岗位操作	安全风险	危害	控制措施
检查排渗设施	排渗设施破损	渗流破坏、漏尾矿	定期检查排渗设施，发现排水量不正常、出口段外观破损，及时处理
	排渗设施淤堵	坝体滑坡、溃坝	定期检查排渗设施，发现排水量不正常，及时处理

4　岗位应急管理

4.1　应急报告

4.1.1　岗位人员应急报告

1. 应急反应

判断事故情况→做好自身防护→脱离险境→施救自救→发出求救信号（报告）。

2. 报告流程

岗位人员应急报告流程如图4－1所示。

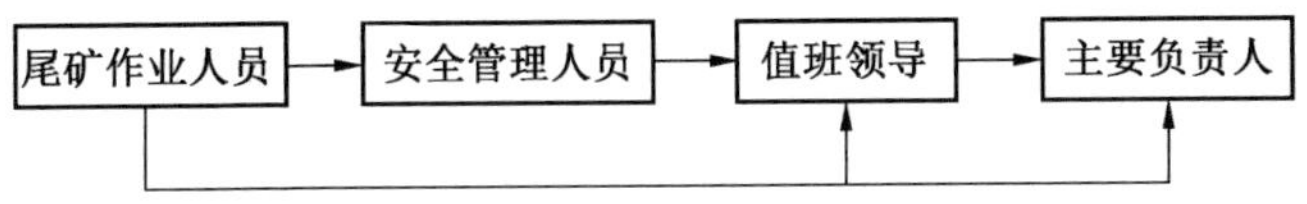

图4－1　岗位人员应急报告流程

3. 报告内容

（1）报告人姓名、部门。

（2）突发情况或事故发生的时间、地点。

（3）事故简要经过、人员伤亡情况。

事故报告人向单位报告事故情况后，按指令撤离或实施现场应急处置。

4.1.2 企业应急报告

（1）尾矿库出现下列重大险情之一的，应当立即报告所在地县级应急管理部门和主管应急管理部门：①坝体出现严重管涌、流土等现象的；②坝体出现严重裂缝、坍塌和滑动迹象的；③库内水位超过限制最高洪水位的；④在用排水井倒塌或者排水管（洞）坍塌堵塞的；⑤其他危及尾矿库安全的重大险情。

（2）情况紧急时，事故现场有关人员可以直接向所在地县级应急管理部门报告。

（3）积极配合事故调查工作。

4.2 现场应急处置

4.2.1 溃坝应急处置

（1）立即撤离危险区域。撤离期间，向沟岸两侧高处撤离，不能沿顺沟方向撤离。

（2）向上级领导报告，并按照领导指令选厂马上停止尾矿输送和排放。

（3）尾矿库下游的尾矿作业人员在保证安全的情况下，组织险情威胁区域的群众撤离。

（4）尾矿库库区及上游的尾矿作业人员在保证安全的情况下，通过拆除斜槽盖板、排水井拱板或孔塞等措施，降低库内水位。

（5）拆除斜槽盖板、排水井拱板或孔塞应按如下操作方法：尾矿作业人员穿好救生衣，系上保险绳，保险绳一端系在吊装绳上，吊装绳的一端系在岸坡固定端，乘上浮排或小船靠近排水井（对于斜槽，只要沿侧墙靠近进水口处），将排水井拱板、孔塞和排水斜槽盖板用工具撬松，采用手拉葫芦将拱板、孔塞或盖板移开。

4.2.2　坝体滑坡应急处置

（1）立即撤离危险区域。

（2）向上级领导报告，并按照领导指令选厂马上停止尾矿输送和排放。

（3）通过拆除斜槽盖板、排水井拱板或孔塞等措施，降低库内水位。

4.2.3　洪水漫顶应急处置

（1）立即撤离危险区域。撤离期间，向沟岸两侧高处撤离，不能沿顺沟方向撤离。

（2）向上级领导报告，并按照领导指令选厂马上停止尾矿输送。

（3）尾矿库下游的尾矿作业人员在保证安全的情况下，组织险情威胁区域的群众撤离。

（4）尾矿库库区及上游的尾矿作业人员在保证安全的情况下，通过拆除斜槽盖板、排水井拱板或孔塞，或采用水泵或虹吸管排水等措施，降低库内水位。

（5）尾矿库库区及上游的尾矿作业人员在保证安全的情况下，于坝体左右两侧坝肩处开挖临时溢洪道。

4.2.4　防排洪设施堵塞、损毁应急处置

1. 防排洪设施堵塞

清除防排洪设施进水口及防排洪设施内的淤堵物，

尽量保证排水畅通。

2. 排水井拱板断裂

（1）断裂处未被尾矿覆盖：及时更换拱板。

（2）断裂处被尾矿覆盖：立即向上级领导报告，并按照领导指令选厂马上停止尾矿输送。

3. 截洪沟局部坍塌

立即清理，垮塌段采用钢管或预制管等连接，保证防排洪畅通。

4. 防排洪设施倾斜、沉降断裂和裂缝

（1）因地基问题引起的防排洪设施倾斜、沉降断裂和裂缝的（永久性防排洪构筑物截洪沟大面积坍塌除外），立即撤离危险区域。

（2）向上级领导报告，并按照领导指令选厂马上停止尾矿输送。

5. 防排洪设施损坏

因施工质量问题或运行中各种不利因素引起防排洪设施损坏的（如混凝土剥落、裂缝、磨蚀、钢筋外露等），采用混凝土进行修补，如不确定其损坏原因按第4条处理。

4.2.5 渗流破坏应急处置

（1）立即向上级领导报告，并按照领导指令选厂马上停止尾矿输送。

（2）通过拆除斜槽盖板、排水井拱板或孔塞等措施，降低库内水位。

（3）先在坝体外坡渗流区域挖槽，再用土工布覆盖渗流区域并用沙砾料碎石反滤层压住，防止管涌的发生。

4.2.6 放矿主管漏矿应急处置

（1）立即上报调度车间。

（2）漏矿放矿主管切换至备用放矿主管。

4.2.7 放矿管堵塞应急处置

（1）堵塞不严重：采用清水清洗。

（2）堵塞较严重：先用高压水枪向管道内注水，使管道内沉积的尾矿慢慢稀释，待管道的末端有少量高浓度的尾矿浆外溢时，再加大冲洗的清水量，直至疏通为止。

（3）堵塞很严重：在管道堵塞段每间隔一段距离开口逐段疏通，待管道疏通后将开口逐一恢复。

4.2.8 粉尘危害应急处置

（1）增加放矿支管的数量或调整放矿支管的位置。

（2）减少交替放矿的周期。

（3）开启滩面喷洒装置。

4.2.9 淹溺事故应急处置

（1）立即进行施救工作，利用绳索、竹竿、木板或救生圈等工具使溺水者脱离水面上岸。

（2）溺水者被抢救上岸后，立即清除口、鼻的泥沙、呕吐物等，松解衣领、纽扣、腰带等，并注意保暖，必要时将舌头用毛巾、纱布包裹拉出，保持呼吸道畅通。

（3）对溺水者进行控水（倒水），倒出胃内积水。

控水（倒水）方法：溺水者俯卧，救护者双手抱住溺水者腹部上提，或将溺水者放于救护者跪撑腿上，同时另一手拍溺水者后背，迅速将水控出。

（4）有呼吸、有脉搏：使溺水者处于侧卧位，保持呼吸道畅通。

（5）无呼吸、有脉搏：使溺水者处于仰卧位，扶住头部和下颚，头部向后微仰以保证呼吸道畅通；进行人工呼吸，吹气时，用腮部堵住溺水者鼻孔，每 3 s 吹气一次。

（6）无呼吸、无脉搏：使溺水者处于仰卧，食指位于胸骨下切迹，掌根紧靠食指旁，两掌重叠，按压深度 4 ~5 cm，每 15 s 吹气 2 次，按压 15 次。

（7）在送往医院的途中对溺水者进行人工呼吸，持续进行心脏按压，判断好转或死亡才能停止。

4. 2. 10　高处坠落应急处置

（1）尾矿作业人员若不方便到达事故者身边检查伤情，应立即通知应急救援队。

（2）尾矿作业人员若方便到达事故者身边，将伤者放在担架或吊桶内抬至安全地点，严禁用绳索拉升受伤人员。

（3）若事故者伤口出血，先止血；若骨折，应对骨折处做临时固定；若已停止呼吸，应进行人工呼吸。

（4）在对重伤人员现场急救处理后，应立即送往医院进行救治。

附　　录

附录1　尾矿库生产运行期安全检查项目

序号	检查项目	检查周期	备注
一	排放管道运行情况		
1	排放管道排放情况	1次/天	放矿时专人看守，增加次数
2	排放管闸阀破损情况	1次/天	
3	寒冷地区冬季是否具备正常运行的条件	1次/天	冬天，放矿时增加次数
二	监测系统运行情况		
4	库内水位高程	人工1次/月、在线监测数据实时监测	大雨或暴雨期间增加次数
5	滩顶高程	1次/月	
6	干滩长度	人工1次/月、在线监测数据实时监测	大雨或暴雨期间增加次数
7	降雨量	实时监测	
8	浸润线数据	人工1次/月、在线监测数据实时监测	汛期人工增加次数；出现异常，增加次数
9	沉降、位移数据	人工1次/季、在线监测数据实时监测	

（续）

<table>
<tr><th>序号</th><th>检查项目</th><th>检查周期</th><th>备注</th></tr>
<tr><td>10</td><td>监测设施完好情况</td><td>1 次/月</td><td></td></tr>
<tr><td>三</td><td>坝体运行情况</td><td></td><td></td></tr>
<tr><td>11</td><td>堆积坝外坡比</td><td>2 次/年</td><td></td></tr>
<tr><td>12</td><td>坝肩、坝坡排水沟情况</td><td>1 次/周</td><td rowspan="3">大雨或暴雨期间实时巡查</td></tr>
<tr><td>13</td><td>坝体是否有沉陷、裂缝、滑坡、变形、位移、渗水、沼泽化等异常现象</td><td>2 次/月</td></tr>
<tr><td>14</td><td>堆积坝外坡护坡情况</td><td>1 次/周</td></tr>
<tr><td>四</td><td>防排洪设施运行情况</td><td></td><td></td></tr>
<tr><td>15</td><td>防排洪设施拦污栅或进水口前及防排洪设施内是否有树枝、石块、泥沙等淤堵物</td><td>1 次/周</td><td>排洪时应设专人看守，防止漂浮物淤堵；大雨或暴雨期间实时巡查</td></tr>
<tr><td>16</td><td>防排洪设施有无变形、位移、损毁及磨蚀现象等安全检查（检查的具体内容见附录 2“防排洪设施安全检查表”）</td><td>1 次/季</td><td></td></tr>
<tr><td>五</td><td>排渗设施运行情况</td><td></td><td></td></tr>
<tr><td>17</td><td>排渗设施是否完好</td><td>2 次/月</td><td></td></tr>
<tr><td>18</td><td>排渗水流量</td><td>2 次/月</td><td rowspan="2">汛期增加次数；出现异常，增加次数</td></tr>
<tr><td>19</td><td>排渗水质</td><td>2 次/月</td></tr>
</table>

（续）

序号	检查项目	检查周期	备注
六	库区周边情况		
20	周边山体是否有滑坡、塌方和泥石流等情况	2次/月	大雨或暴雨期间实时巡查
21	库内是否有违章爆破、采石和建筑	2次/月	
22	库内是否有设计以外的尾矿、废料或废水进库	2次/月	
七	其他情况		
23	探照灯、报警器、通信电话运行	1次/天	
24	应急物资情况	1次/月	

附录2　防排洪设施安全检查表

序号	检查部位	检 查 内 容
1	排水井	井的内径、窗口尺寸及位置，井壁剥蚀、脱落、渗漏、最大裂缝开展宽度，井身倾斜度和变位，井、管联结部位，进水口水面漂浮物，排水井是否及时按设计要求停用和封堵，排水井浮圈设置情况等
2	排水斜槽	断面尺寸，槽身变形、损坏或坍塌，盖板放置、断裂，最大裂缝开展宽度，盖板之间以及盖板与槽壁之间的防漏充填物，漏砂，斜槽内淤堵等
3	排水管	断面尺寸，变形、破损、断裂和磨蚀，最大裂缝开展宽度，管间止水及充填物，管内渗漏尾矿、管内淤堵等

（续）

序号	检查部位	检 查 内 容
4	排水隧洞	断面尺寸，洞内塌方，衬砌变形、破损、断裂、剥落和磨蚀，最大裂缝开展宽度，伸缩缝、止水及充填物，洞内渗漏尾矿、洞内淤堵及排水孔工况等
5	溢洪道、截洪沟	断面尺寸，沿线山坡滑坡、塌方，护砌变形、破损、断裂和磨蚀，沟内淤堵等，对溢洪道还应检查溢流坎顶高程，消力池及消力坎等

附录3　有关国家和行业标准

1.《尾矿设施设计规范》(GB 50863—2013)

2.《尾矿库安全技术规程》(AQ 2006—2005)

3.《尾矿库安全监督管理规定》(原国家安全生产监督管理总局令　第38号)

4.《金属非金属矿山重大生产安全事故隐患判定标准（试行)》(安监总管一〔2017〕98号)

附录4　《尾矿库安全技术规程》节选

6.4.2　控制尾矿库内水位应遵循的原则：

——在满足回水水质和水量要求前提下，尽量降低库内水位；

——在汛期必须满足设计对库内水位控制的要求；

——当尾矿库实际情况与设计不符时，应在汛前进行调洪演算，保证在最高洪水位时滩长与超高都满足设计要求；

——当回水与尾矿库安全对滩长和超高的要求有矛盾时，必须保证坝体安全；

——水边线应与坝轴线基本保持平行。

6.4.4 排出库内蓄水或大幅度降低库内水位时，应注意控制流量，非紧急情况下不宜骤降。

7.1.3 尾矿库滩顶高程的检测，应沿坝（滩）顶方向布置测点进行实测，其测量误差应小于 20 mm。当滩顶一端高一端低时，应在低标高段选较低处检测 1 ~ 3 个点；当滩顶高低相同时，应选较低处不少于 3 个点；其他情况，每 100 m 坝长选较低处检测 1 ~ 2 个点，但总数不少于 3 个点。各测点中最低点作为尾矿库滩顶标高。

7.1.4 尾矿库干滩长度的测定，视坝长及水边线弯曲情况，选干滩长度较短处布置 1 ~ 3 个断面。测量断面应垂直于坝轴线布置，在几个测量结果中，选最小者作为该尾矿库的沉积滩干滩长度。

7.1.5 检查尾矿库沉积滩干滩的平均坡度时，应视沉积干滩的平整情况，每 100 m 坝长布置不少于 1 ~ 3 个断面。测量断面应垂直于坝轴线布置，测点应尽量在各变坡点处进行布置，且测点间距不大于 10 ~ 20 m（干滩长者取大值），测点高程测量误差应小于 5 mm。尾矿库沉积干滩平均坡度，应按各测量断面的尾矿沉积干滩平均坡度加权平均计算。

7.2.2　检测坝的外坡坡比：每 100 m 坝长不少于 2 处，应选在最大坝高断面和坝坡较陡断面。水平距离和标高的测量误差不大于 10 mm。尾矿坝实际坡比陡于设计坡比时，应进行稳定性复核，若稳定性不足，则应采取措施。

附录 5　岗位常用安全警示标志

编　号	图　形	设置范围和地点
1	非工作人员 禁 止 入 内	尾矿库入口
2	库区危险 禁止放牧	坝体及库区范围内的山体
3	当心淹溺	库尾水域、拦洪坝前

（续）

编 号	图 形	设置范围和地点
4	 禁止游泳	库尾水域、拦洪坝前
5	 小心滑跌	库区
6	 当心坠落	坝顶、巡视尾矿库周边山体的道路入口
7	 注意山体滑坡 Attention to landslides	库区范围内的山体

（续）

编　号	图　形	设置范围和地点
8	库区重地 禁止采石	库区范围内的山体
9	库区重地 禁止开垦	坝体及库区范围内的山体

附录6　岗位安全知识和技能练习题

1.《安全生产法》规定，未经（　　）合格的从业人员，不得上岗作业。

A. 基础知识教育　　　　B. 安全生产教育和培训

C. 技术培训　　　　　　D. 理论培训

2. 从业人员有权对本单位安全生产工作中存在的问题提出批评、（　　）、控告；有权拒绝违章指挥和强令冒险作业。

A. 起诉　　B. 检举　　C. 仲裁　　D. 罢工

3. 因生产安全事故受到损害的从业人员，除依法享有(　　)外，依照有关民事法律尚有获得赔偿的权利的，有权向本单位提出赔偿要求。

A. 工伤社会保险　　B. 医疗保险

C. 失业保险　　D. 养老保险

4. 依据《工伤保险条例》的规定，职工发生事故伤害或者按照《职业病防治法》规定被诊断、鉴定为职业病，所在单位应当自事故伤害发生之日或者被诊断、鉴定为职业病之日起(　　)日内，向统筹地区社会保险行政部门提出工伤认定申请。

A. 10　　B. 15　　C. 30　　D. 60

5. 尾矿作业人员必须经专门培训考试合格并取得(　　)后方可上岗作业。

A. 特种作业操作证　　B. 作业资格证

C. 安全证　　D. 工作证

6. 《安全生产法》规定，未按有关规定对职工进行安全教育、培训并取得特种作业人员操作资格证书上岗作业，责令限期改正，可以处(　　)万元以下的罚款。

A. 5　　B. 2.5　　C. 2　　D. 1

7. 根据《劳动合同法》，下列关于解除劳动合同的说法中，正确的是(　　)。

A. 用人单位未按照劳动合同约定提供劳动保护或劳动条件的，劳动者提前3日以书面形式通知用人单位，可以解除劳动合同

B. 用人单位的规章制度违反法律、法规的规定，损害劳动者权益的，劳动者在试用期内提前30日通知用人单位，可以解除劳动合同

C. 用人单位以暴力、威胁手段强迫劳动者劳动的，或者用人单位违章指挥，强令冒险作业危及劳动者人身安全的，劳动者可以立即解除劳动合同，不必事先告知用人单位

D. 劳动者非因工负伤，在规定的医疗期满后不能从事原工作，也不能从事由用人单位另行安排的工作的，用人单位提前3日以书面形式通知劳动者本人后，可以解除劳动合同

8. 根据《劳动合同法》，用人单位自用工之日起超过1个月不满1年未与劳动者订立书面劳动合同的，应当向劳动者每月支付(　　)。

A. 1倍工资　　B. 2倍工资

C. 3倍工资　　D. 4倍工资

9.《劳动法》规定，用人单位必须为劳动者提供符合国家规定的劳动安全卫生条件和必要的(　　)。

A. 劳动防护费用　　B. 劳动安全补贴

C. 劳动防护用品　　D. 劳动安全保障

10. 依据《生产经营单位安全培训规定》，非煤矿山等生产经营单位新上岗的从业人员安全培训时间不得少于72学时，每年再培训的时间不得少于(　　)学时。

A. 20　　B. 24　　C. 36　　D. 48

11. 依据《特种作业人员安全技术培训考核管理规定》，特种作业操作证每3年复审1次，离开特种作业岗位(　　)以上的特种作业人员，应当重新进行实际操作考试，经确认合格后方可上岗作业。

A. 3个月　B. 6个月　C. 1年　D. 2年

12. 三级安全教育指(　　)三级。

A. 企业法定代表人、项目负责人、班组长

B. 公司、车间、班组

C. 总包单位、分包单位、工程项目

D. 车间、班组、岗位

13. 事故的直接原因是指机械、物质或环境的不安全状态和(　　)。

A. 没有安全操作规程或不健全

B. 人的不安全行为

C. 劳动组织不合理

D. 对现场工作缺乏检查或指导错误

14. 根据国家规定，凡在坠落高度离基准面(　　)m以上有可能坠落的高处进行的作业，均称为高处作业。

A. 2　B. 3　C. 4　D. 5

15. 劳动防护用品使用前应首先做一次(　　)检查。

A. 质量　B. 数量　C. 外观　D. 合格

16. 根据现行有关规定，我国目前用安全色中的(　　)表示警告、注意。

A. 黄色　　B. 蓝色　　C. 绿色　　D. 红色

17. 在高气温伴有高气湿(　　)以上的条件下所从事的工作称为高温作业。

A. 70%　　B. 80%　　C. 90%　　D. 95%

18. 隐患排查的形式可分为日常性检查、定期检查、专业性检查、专题性检查、季节性检查、节假日前后的检查和(　　)。

A. 不定期检查　　B. 设备检查

C. 仪器检查　　D. 操作规程检查

19. 建设项目安全设施“三同时”是指建设项目的安全设施必须与主体工程(　　)。

A. 同时设计　　B. 同时施工

C. 同时投入生产和使用　　D. 以上三者均是

20. 安全避险“六加一系统”是指监测监控系统、井下人员定位系统、紧急避险系统、压风自救系统、供水施救系统、通信联络系统和(　　)。

A. 安全保障系统

B. 尾矿库在线安全监测系统

C. 污水处理系统

D. 井下发电系统

21. 尾矿库的勘察、设计、安全评价、施工及监理单位必须由具有相应(　　)的单位承担。

A. 资质　　B. 能力

C. 专篇　　D. 生产要求

22. 尾矿库安全生产许可证有效期为(　　)年。

A. 2　　B. 3　　C. 5　　D. 10

23. 坝高 120 m，库容 $90 \times 10^4\ m^3$ 的尾矿库，属于(　　)。

A. 二等库　　B. 三等库

C. 四等库　　D. 五等库

24. 调洪起始水位以上、设计洪水位以下可蓄积洪水的容积，称为(　　)。

A. 有效库容　　B. 死库容

C. 调洪库容　　D. 全库容

25. 用土、石等材料筑成的，作为尾矿堆积坝的排渗或支撑体的坝，称为(　　)。

A. 初期坝　　B. 堆积坝

C. 挡水坝　　D. 子坝

26. 沉积滩面与坝体外坡面的交线，称为(　　)。

A. 初期坝　　B. 坝顶

C. 滩顶　　D. 子坝

27. 防洪高度是指防洪起始水位与(　　)之间的高差。

A. 初期坝　　B. 堆积坝

C. 滩顶　　D. 子坝顶

28. 四等尾矿库上游式尾矿堆积坝的最小干滩长度是(　　)m。

A. 100　　B. 70　　C. 50　　D. 40

29. 五等尾矿库上游式尾矿堆积坝的最小安全超高是(　　)m。

A. 1.0　　B. 0.7　　C. 0.5　　D. 0.4

30. 堆积坝坝顶轴线逐渐向初期坝上游方向移动的是(　　)。

A. 上游式筑坝　　B. 下游式筑坝

C. 中线式筑坝　　D. 模袋法筑坝

31. 在放矿过程中，应尽量避免大量矿泥分布于(　　)。

A. 坝前　　B. 库中　　C. 库尾　　D. 水域

32. 尾矿库水位检测，其测量误差应小于(　　)mm。

A. 40　　B. 30　　C. 20　　D. 10

33. (　　)不属于尾矿库重大隐患。

A. 浸润线埋深小于控制浸润线埋深

B. 坝体出现贯穿性横向裂缝，且出现较大范围管涌、流土变形，坝体出现深层滑动迹象

C. 坝坡排水沟出现断裂、淤堵

D. 多种矿石性质不同的尾矿混合排放时，未按设计要求进行排放

34. 以下放矿操作要点不正确的是(　　)。

A. 尾矿库可以独头放矿（单支管放矿）

B. 坝前应分散放矿，根据放矿需要调整放矿点，使尾矿均匀沉积，滩面平整，避免滩面出现侧坡、扇形坡等起伏不平现象

C. 支管内的过流速度较快，造成滩面留下冲坑时，应增加同时放矿口的数量

D. 尾矿排放不得冲刷初期坝或子坝，严禁尾矿沿子坝内坡流动冲刷坝体

35.（　　）不属于尾矿作业人员检查尾矿坝的内容。

A. 检查坝面是否有影响坝体观测的植物

B. 检查坝面是否有拉沟或积水坑等

C. 检查坝体是否有不安全征兆，如坝体沉陷、裂缝、变形、位移和渗流破坏

D. 检查排水井是否淤堵

36.（　　）属于尾矿作业人员库区检查的范围。

A. 库区是否有违章爆破、采石、建筑和尾矿回采

B. 库区是否有外来尾矿、废料或废水进库

C. 库区是否有放牧和开垦活动

D. 以上均是

37. 尾矿库存在的主要安全风险有（　　）。

A. 溃坝、坝体滑坡　　B. 洪水漫顶

C. 渗流破坏　　D. 以上均是

38. 排水井安全检查的内容有（　　）。

A. 井壁剥蚀、脱落、渗漏、最大裂缝开展宽度

B. 井身倾斜度和变位

C. 进水口水面漂浮物

D. 以上均是

39. 尾矿库岗位人员应急报告的内容主要有（　　）。

A. 报告人姓名、部门

B. 突发情况或事故发生的时间、地点

C. 事故简要经过、人员伤亡情况

D. 以上均是

40. 尾矿库溃坝现场应急处置不正确的是(　　)。

A. 立即撤离危险区域。撤离期间，顺沟方向撤离

B. 立即向企业应急指挥部报告，应急指挥部命令选厂马上停止尾矿输送

C. 尾矿库下游的尾矿作业人员在保证安全的情况下，组织险情威胁区域的群众撤离

D. 尾矿库库区及上游的尾矿作业人员在保证安全的情况下，通过拆除斜槽盖板或排水井井圈等措施，降低库内水位

41. 尾矿库内可以干、湿尾矿混排。(　　)

A. 对　　　　B. 错

42. 尾矿库可采用子坝短时间挡水。(　　)

A. 对　　　　B. 错

43. 尾矿坝堆积坡比可以陡于设计坡比。(　　)

A. 对　　　　B. 错

44. 将放矿主管内的尾矿浆引流排入尾矿库的管道，称为放矿支管。(　　)

A. 对　　　　B. 错

45. 每期子坝堆筑前进行岸坡清理后，经主管技术人员检查合格即可，不必签字存档。(　　)

A. 对　　　　B. 错

【参考答案】

1 ~ 5	BBACA	6 ~ 10	ACBCA
11 ~ 15	BBBAC	16 ~ 20	ABADB
21 ~ 25	ABBCA	26 ~ 30	CCCDA
31 ~ 35	ACCAD	36 ~ 40	DDDDA
41 ~ 45	BBBAB